整える、こと
広瀬裕子

日日抚慰
改变人生的心灵整理术

【日】广濑裕子／著
杜慧鑫／译

日日抚慰：改变人生的心灵整理术

【日】广濑裕子

人民东方出版传媒
People's Oriental Publishing & Media
東方出版社
The Oriental Press

前言

当你冒出“想整理”的想法时，不妨思考一下这么做的初衷。考虑过后，估计你的答案和我一致——想让自己每时每刻过得舒心自在。

期望通过整理来唤醒麻木的内心，使自己有能力感知每一天的流逝，可以注意到四季的变换，能够忠实于自己的内心。通过整理激发出潜在的力量，能够与他人心有灵犀，不再辜负美食，具有发现的能力，去邂逅，会畅笑，能酣睡。这些期望看起来遥不可及，其实，只要我们每时每刻都过得舒心自在，自然就能拥有这样的能力。

怎样做才能保证我们每时每刻都过得舒心自在呢?

答案是“尽可能让自己时刻处于这种状态之中”。这种心理会给自己一种积极的暗示，比如：为了达到这种状态，“我应该这样做，这样就能成为我所期许的那样了吧”。持续保有并实践这种所思、所感、所获、所悟。

不错，正是这些可以给予我们力量。然而，正如很多事物一样，懂得和实践完全是两码事。即使实践了，随便做做与持之以恒也有天壤之别。如今，当我再次思考这件事情时，我的观点不曾发生过一丝一毫的改变，大概是因为事物的本质如此吧。无论何时何地，当所做的事能让人心情舒畅时，这件事就和“整理”相关。

对当下的你来说，哪些事情让你觉得舒适自在呢？怎样做才能获得这种感觉呢？是工作？还是空间？抑或是人际关系？又或是生活？把这里面你能想到的第一件事列出来，然后让这件事保持一天。接下来努力保持三天，再然后是一周。世界时时刻刻都处于现在进行时的状态中。

坚持进行整理，久而久之就会成为一种习惯。这种持之以恒能让人每时每刻都过得舒心自在。

目录

1 专注于眼前

专注于眼前，“我”与眼前的事物息息相关。

如果正在工作那就集中精力工作；如果正在做扫除或者做料理那就专注于扫除或者料理；如果正在与人约会那就认真对待约会。

一心多用，做着眼前的工作心里却想着别的事，看似能同时完成几件事，而实际上自己只处于“此刻、此处”，当你心里开始想着之后的计划时，等于宣告眼前事情的结束。

唯有带着此刻、此处的意识，才能认真对待自身、这一刻、这件事，才能获得整理。

光阴似箭，稍纵即逝。有了新见解和新的感悟时，会被幸福感所包围。然而，这种幸福感也只是瞬间的事。

彼时才理解专注的重要性。经常暗示自己“爱惜、珍重”

眼前，这种想法就会在身体里生根、发芽。

眼前的风景只在此刻、此处。你的所看与所感其实就是与你连接的世界。

2 把自己钟爱的物品放在手边

有些物品，每次使用时都会欢心不已。要尽可能多地使用这种能给自己带来愉悦的物品，因为使用人的心情和举动会给其所在的场合带来非常大的影响。当使用人的态度恭敬时，就连空气都会变得恭敬起来。当一个人看到自己喜欢的物品时，那份欣喜会感染得连空气都跳跃起来。

对一件物品不熟悉或者没有感情时，用的时候态度一般，甚至很粗暴。谁看到这种态度，估计心里都不是很舒服。

身边突然传来巨响或者有夸张的动作时，人往往会被吓一跳，继而变得焦躁不安。一次性物品也是，让人在感觉方便的同时，还会有别样的感情。通过物品，可以看到物品另一端的人。

把珍惜的物品放在手边。此外，要告诫自己无论任何物品都要爱惜使用。这种做法会给自己、所处的空气，甚至周围的人带来积极的影响。

方法改变了，心情也会随之发生改变。

使用自己钟爱的、珍惜的物品时，忍不住动作都变得轻盈起来，就连焦躁的心情都能得到缓解。使用自己钟爱的物品，可以看到一个与物品相连的更广阔的世界。

3 只选择此时此刻必需的物品

不妨把包包里的所有物品都拿出来，摊开看一看自己都放了哪些物品。问一下自己：这些物品是今天所必需的吗？是此时此刻所必需的吗？

昨天的自己和今天的自己多少还是有所不同。一个月前，半年前，一年前与此刻相比，也发生了变化。自己都已发生了改变，那么自己的包呢？它是否也随之发生了相应的改变？自己的改变是否反映在了包中所装物品的上面？

通过整理你会发现，包中或许装着多余的物品、未经修整的物品、坏了的物品、与当下心境不符的物品。

把包中的物品全部拿出来，只在里面放入必需品。需要美化的物品就做美化，需要舍弃的物品就处理掉，把不符合心境的物品拿出来。

把包也精心做一下打理。你会发现，虽然只是做了小小的改变，心情却会变得不一样。不只是包，就连整个人的状态都发生了改变。一处小小空间的改变可以触发外部世界一连串的改变，这种改变超乎你的想象。

所需物品因人而异，与年龄、立场，甚至当天的计划、天气有关。不仅包中的物品如此，世间的人、物、事莫不如此。

用心近距离观察自己的变化，就能看清楚现在的自己需要什么、往后的自己需要什么。这样一来，也能未雨绸缪。

如果想“以这种方式存在”，那就从包开始。检查里面的物品，使之与“以这种方式存在”的状态相匹配。如此一来，就能逐步接近未来。

此刻，只在包中装入必需的物品。那是将现在与未来的自己连接起来的路径。

4 拜访心灵圣地

有那么一种地方，当你站在那片土地上时，甚至在前往那里的路上时，你的心灵便会获得宁静，腰背也会挺直。那里是如此神奇，充满了美好、清新和活力。

它可能位于大自然之中，也可能是街头一隅，还可能是某人的住所。

走进或者置身其中，就可以呼吸到不同于往常的清新空气，心情也会变得格外舒畅。远离了外界的喧嚣，呼吸也变得深长均匀，似乎可以听到灵魂深处的细语。

这时候才会察觉到：每天处于疲于奔命的状态中，心灵早已被外界的声音、浮躁的心气所填满，以至于忘记了倾听自己的心声。人就是这样被外界所影响。

整理也就是重置自己，换个心情。

每个人的内心深处，都有一汪泉水，这是个人独有的心灵之泉。如果泉水起了波涛，那么就让水面恢复平静；如果泉水上面笼罩有乌云，那么就让它随流水一起流走。让泉水恢复到往昔晶莹剔透的状态。

一个理想的心理状态是：任你外界慌乱喧嚣，内心依然可以波澜不惊。当然，也有做不到如此洒脱的时候。此时，需要借助外部的力量来获得平静。比如：可以抚慰内心的一个地方，站在那片土地上时，甚至在前往那里的路上时，内心就获得了平静。再比如：具有冷峻的空气和美景的地方，在那里心灵可以得到涤荡。整理后的心灵会再次变得丰盈而澄澈。

当无法听见内心声音的时候，当忘记了倾听的时候，这

个时候不妨前往这个地方。无论什么时候，无论去多少次，都可以重新获得整理，获得再出发的勇气。

那么，这块神奇的地方到底在哪儿？空气中洋溢着怎样的氛围？有什么样的风景？答案就在你的心中。

5 信息架

信息这种东西，有时候需要远观。

如果对信息毫无戒备，信息就会蜂拥而至。非身边的人和事、无须知道的信息不知道也没有关系，无须做的事情不做也行。远观是为了让自己看清楚，对自己而言这些是否必要。

很可能多半信息只是我们单纯地认为需要，实际上并不需要。

我们没有必要为不需要的信息而庸人自扰。因为还有很多我们不得不想、不得不做的事情在等着我们。

问问自己：我为什么需要那个信息？信息中所涉及的人对自己而言真的重要吗？想继续维持今后的关系吗？想拥有什么样的共同回忆呢？究竟哪些是自己珍视的呢？一个信息

中包含多种要素，比如：双方的交流、折射出的价值观、本质的东西、表现方法、传递方法等。

在扑面而来的信息中，要根据所在的情况去选择、判断，整理出所需之物，找出事物前进的方向及处理方式。这就好比整理我们书架上的书一样。

书架上究竟都放了哪些书？你所看到的书和从中获得的信息，对你而言真的需要吗？有没有摆放无关紧要的书籍？

信息存在的本意在于使人精神富足，为人带来自由，建立舒适的纽带。

因此只需在自己的书架上摆放上使自己觉得舒适的、适合自己的书即可。

把书摆到书架上并不意味着一切就万事大吉了。要时不时地看看书架，确认下传递出的是不是让人轻快舒适的信息。

6 反复做同一件事

通过每天重复做同一件事建立起自己做事的节奏。“惯性使然”就是在调整自己。

惯性使然是每天重复的结果。一旦建立了这种惯性，无论做什么事，身体都会很自然地跟着节奏行动起来。比如：说什么话、选择何物、吃什么、思考方式、嗜好、站起来的姿势都是“惯性使然”。

正是有了“惯性使然”的存在，当出现了违和感的物事时，才能够立即察觉出来。

突然嗅到一丝异样的气息，感觉什么地方好像与平时不一样。这种感觉有时非常重要。及时察觉出与自己的意思或方向有差池的事物的存在，关键时刻才能保护自己。

“惯性使然”可以使自己保有一份好心情。常常整理才能形成“惯性使然”。只要“惯性使然”还存在，不管发生什么事，生活都能回到原来的轨道上。反复做同一件事直到掌握为止，是回到正常生活轨道的关键。

只要反复做同一件事，就能达到“惯性使然”。无论好事，还是坏事，皆如此。

惯性不单单指行动，也是一个人的存在方式。

如果一个人经常处于心情舒适的“惯性”中，那么仅做同一件事就能唤起舒适的感觉。在这个过程中会不自觉涌现出“嗯，这就是我要的感觉”“我要珍惜这份感觉”的想法。这种感觉会成为一个人的方向指南。“确认目标，朝着目标前进”的能力可以在岁月的流逝中养成。

世界上的每一天都如此不同。这份不同，带来的可能是

喜悦，也可能是悲伤。在这个世界上，我们无法决定将要发生之事的好坏。即便如此，我们还是要尽可能保持一份愉快的心情，轻松度过每一天。能帮助我们做到这点的是“惯性使然”，“惯性使然”是自己每天努力的成果。

7 放手

有时，放手也是一种整理。放手后，确认下行进过程中的方向或者来时的路，让生命拥有复原的时间。

在这个过程中，获得整理。乍一看，好像之前所做的事都是在浪费时间一样。但是，时间会给我们答案。在岁月的流逝中，时间会自动为过往的时光打上标点。比如：从这儿开始到那儿为止是一个完整的篇章。然后从此时此地进入下一个篇章。

发现新的起点时，人就会重新燃起做事的干劲。在任何时候，任何地方都能画出起跑线。

放手后，也许能看到一扇新的大门，或者物与物之间的连接，又或者与世界间的衔接。手放开之后，自己也能得到调整。如果能够这样想的话，放手就会变得容易很多。

所持之物过于沉重时不妨放手。这样一来，负担就会小很多，心情也畅快很多，很容易开始新的征程。放手后，腾出的手可以重新拿到其他物品。如果能够这样去想，就更容易把握放手的时机。

8 修整身心

一些细碎的小事、与往常无异的小事，却在那天让你的心有所动摇，让你为此而悲伤或者心情摇摆不定。

当某一天回过头来再看这件事时，会发现当时的自己其实正处于身体不佳的状态。

长期的劳累会导致身体僵硬而沉重。使劲的话，身体仍然能动。然而，如果硬撑着走动的话，却能清晰地感到疼痛。

身和心是相连的，身体轻松畅快时，心里也畅快无比。身体僵硬时，心里也会变得苦闷不堪。一点小事也能引发心中不快。往常进展顺利的事情就像是堵塞了一样，变得迟滞不前。身心是可以互相影响的。

某一天突然发觉：我今天为什么这么难过呢？有些不安，还有些寂寞。我平常不是这样的呀！此时，要反省一下自己是不是过于逞强了？有没有困？是不是累着了？

只要符合其中任意一项，那就需要好好休整下了。让自己的时间慢下来，好好吃顿饭，比往常睡得早一些，把身体浸泡在热乎乎的水中，然后舒舒服服睡一觉。

身体恢复了，心灵自然跟着恢复。休息其实就是在调整自己。

9 静享美食

让生活慢下来，细细咀嚼食物，慢慢品尝其中的滋味。

一口一口地吃，细嚼慢咽，仔细品味。无需任何语言，只要调整好坐姿，认真对待食物即可。

在这个过程中，才猛然发觉平时吃饭时真的是狼吞虎咽啊，原来自己早已忘了品味这件事。如果饭桌上一直喋喋不休，即使吃到了美食也浑然不觉。让人分不清到底在吃饭还是在说话。

吃饭既是享用美味的过程，也是我们应该感恩的过程，因为食物滋养了我们的身心。

食物所具有的色、香、味、食感，回响在身体中的声音，下咽时的感觉，残留在舌尖上的余韵，停筷时的间隙，热汤上方袅袅升起的雾气的颜色，餐具传递到手中的重量，流逝的时间，都可以滋养我们的身心。

在静静享用食物的过程中，才能重新感受到因为忙碌的生活而忽略掉的美好。食物之外的东西，比如风的流动、小鸟的鸣叫、投射到空间中明亮的光，就像美味营养的调料，让食物变得更加鲜香浓郁。

一个人通过食物可以获得调整，因为吃这件事本身就和调整密切相关。找点空闲时间，为自己创造一个能够静享美食的时光。

10 怎么做

即使是简单、琐碎的小事，认真对待的话，也能获得与往常不一样的收获。

面对事情时，最关键的不是“做什么”，而是“怎么做”。掌握了这个关键点，你的思路、行动都会发生改变，从而可以看到与之相连的新发现。

想好了“怎么做”才会行动谨慎、认真专注、勤奋努力。明白了怎么做，才会认真思考、大胆尝试、请教他人、感受、品尝、坚持不懈等。

潜心揣摩、创出新意才能提高物的质量。足够细心才会不断有新的发现。再辅以持续不断的努力，渐渐就能明白应该怎么做。

一旦开始实施“怎么做”，每天就会有新的收获。昨天还让自己束手无策的事情，今天居然就搞定了。被迷雾笼罩的事情突然变得清晰起来，因为已经可以透过现象看到本质。而最大的变化，则是来自你本人。是你变了，所以才能与一个全新的自己邂逅。

没错，“怎么做”才是发现自己的关键。

11 门，就在那里

做自己喜欢的事，就能逐渐看清自己的所需和所期。

当你还是小孩子时，什么事让你乐此不疲？和谁在一起时会觉得心满意足？什么事让你废寝忘食？哪些事让你雀跃不已？又是哪些事让你翘首以待？

也许，你本不需要那么多就能获得满足感。人，如果没有满足感的话就会变得想做各种事情，从而成为被时间追赶的人。

小时候喜欢过的事，即使过了很多年依然会喜欢。

有时，只是自己忘了而已。然而，门一直就在那里，未曾有过改变。

试着回想下喜欢的事，坦诚面对自己的爱好，整理自己的内心。重新拾起自己想做的事。为了实现这个目标，多做些相关整理，就能有所发现。也许很早就有了发现，只是未曾认真对待，没有把它当回事而已。

试着敲开那扇门。任岁月变幻，那扇门一直守在那里，等待有人来敲。

12 善于整理的人

邂逅井然有序的人，可以成就同样的自己，正所谓见贤思齐。当我们看到榜样后，有时会主动做出改变，有时则是受到潜移默化的影响。

如果你想知道这个人为什么是这个样子，为什么是这种感觉，不妨看下他待人接物的方式、谈吐、餐桌礼仪、话题选择、钟意的书、喜欢的音乐或场所、所接触的人以及他周围的一切。

这些侧面可以反映出一个人。

因为相遇而相知，确认彼此，接受对方所带来的影响。学习对方的长处。学习的前提，源于对对方的认同。接下来，要培养这种认同感。这也是人与人邂逅的意义所在。

古有云：近朱者赤，近墨者黑。如果身边有一位做事井然有序的人，在其熏陶下，不知不觉间自己的工作和生活也会变得井井有条。

准备好成为更好的人，才能邂逅优秀的人。“成为有章法的人”的信念，可以将井然有序的人召唤到身边。

13 做准备

“准备”就是一种整理。整理、整备是指专门安排出时间，准备好相应的心情，只待出发。

多一分准备便少一分慌乱。我已经准备好了这种心理暗示，会给人带来轻松、自信，从而在工作时游刃有余。无论结果如何，只要自己尽心尽力，就能成全自己和他人。

在准备阶段，要整理好思路，判断哪些做哪些不做，做好合理安排。在此期间，进行更进一步的整理、细化。做好一切准备之后，剩下的只需顺势而为即可。

不只工作和大事需要做准备，日常生活中的小事同样需要做准备。

14 调整空气

一个人的状态可以通过他周围的空间反映出来。

之前熟视的印象、或多或少的物品，只要稍加整理整顿，立刻就会变得井然有序，心情也跟着畅快起来。

可是，我渐渐觉得，调整空气后带来的舒爽感远超物品整理后带来的感觉（当然，这是非常有意义的）。

即便是相同的房间，打扫前后给人的感觉也截然不同。一经打扫，空气也变得清明透亮，污浊感一扫而光。空气虽然无形，却可以实实在在地感触到。所谓“清新舒爽”，不单指空间个体，也包括充溢其中的空气。

一个原本洋溢着轻快灵动空气的房间，如果连续多日紧闭，房内的空气就会变得凝滞沉重。空气流动意味着空间处于跃动的状态。

久处凝滞的空间中，不知不觉中就对此习以为常。即使刚开始觉得不适，时间久了，也会与空气融为一体。“重视打扫”，就是为了避免让自己置身于这种空气之中。打扫不为别人，是为自己。

凝滞的空气不仅使空间变得沉重，而且会使得里面的人、物变得沉重乏味。比如，人的感觉、思考能力、对于未来的畅想、待人接物的方式都会受到影响，让人变得懒于清扫，疏于整理。

调整空气，既是力所能及之事，也是必要之事。自己先动起来，掌握流程和节奏，就能带动周围的空气、时间一起动起来。

当空间充满清明的空气时，时间便开始流淌。停滞的情绪、过去、未来便再次鲜活灵动起来。

15 每一天都息息相关

重新审视日常中的种种关联并加以整理。比如，通信、水、能源，对于各种事项的准备。

有时仿佛一切尽在掌握，却又似乎不得要领。越是久远的事，越容易被忘记。随着年龄、处境、时代的变迁，需要重新审视和归纳那些遥远的记忆。

在哪里、用什么方式、做了什么事？认清这些是第一步。之后思考：有无新事物？今后是否仍然必需？是否可以放置不管？是否可以弃之不用？

物品如同规定一样，越简单越容易整理，越容易留存。总结可以总结的，改变能够改变的。物品终归是越多越难管理，疏漏也难免发生。

为了便于理解，防止遗忘，可以把自己在哪里、用什么方式、做了什么事这些都记下来。这样的整理不仅方便查阅，而且也是一个重新审视的过程。

能够让自己看清楚想要的活法、什么会让自己安心、什么可以给自己带来不安。无谓的担心只会让自己陷入不安的深渊，不如索性放手。对事物进行归类，划分出真正需要的、可以去掉的、想象中自己需要的。

通过对以上种种进行整理，生活也会变得越来越顺心。

16 允许自己动摇

人的内心难免会有动摇的时候。也许是一句无心的话、一件不经意的小事、一个突发的情况就引发了这种动摇。

当自己的信仰、认识突然与“变化”相遇时，便会发生动摇。

内心的动摇也分为几个层次，比如：刺痛内心的动摇，引领人生开启新篇章的动摇。所谓开启人生的新篇章，是指能够给人带来成长，催人成熟的人生阶段。

突然事件的发生让自己惊叹的同时，可以加深自己对未来的认识。也明白了原来看似毫无关联的事物其实有着千丝万缕的关系。这就是成长、成熟。

有时，内心的动摇会让自己产生沮丧感。比如，如果我自己实力够强的话，何至于此？

但是，心若止水未必就是好事。内心之所以产生动摇，是因为它是纤细的、敏感的。

纤细的内心不仅能够感知细微，而且会经常发生动摇。即使同一处风景，欣赏者不同，内心的触动和感想也会有很大差异。这是因为每个人内心滤网的粗细程度不同。越是细密的内心，对于细小事物越敏感。另一方面，也导致自己更容易产生动摇。

这样来看，内心静如止水并非好事。关键的是，内心发生动摇后，自己怎么去看待和处理。理解并接纳这种动摇，充分发挥纤细的优点。

这就是整理的开始。

17 短平快

当内心发生动摇的时候，不能任由这种情绪蔓延，尽可能以短平快的方式进行整理。接受发生过动摇的事实，不苛责自己，以最快速度放手这件事。

这种能力需要经过训练才能具备。并且，需要持续不断地磨砺锻炼这种跳脱坏情绪的能力。

初期阶段就能做到短平快的人并不多。一方面是因为性格、思考方法、看待问题的角度不同，另一方面是因为人都会有内心动摇的时刻。

虽然我们无法改变每天的遭遇，但是我们可以改变自己的看法和反应。比如田径运动员在比赛前会戴上耳机听音乐，进行想象力训练。

自己默念“短平快、短平快”，能够增强自己的自信。

时光像流水一样流逝，日夜不停歇。人生还有几十年的好光景，这种想法不过是自己的“一厢情愿”。如果能够意识到这一点，就会尽可能让自己开心度过每一刻，也越能实践“短平快”。

simile
15
17

18 拥有的时间

如果你对自己拥有的时间一清二楚，那么就能更好地规划和分配时间。

我们通常会有这样的假设："我要有这个时间的话，我就会这么做。"总有一天我要怎么怎么样。这种假设通常是基于自己所剩余的"大概这么多"的时间所进行的规划。

如同没有人能够决定自己的生辰八字一样，也没有人能决定自己还有多少余生。

无论是"我要有这个时间的话，我就会这么做"，还是"改天做这件事"，都是以有时间为前提的。

世界在一刻不停地转动着，不因任何人的意志而稍作停留。设想一下，假如自己的时间已经所剩无几。

面对这个假设，你可能会前所未有地认真起来。开始思考要用这仅有的时间去做些什么，思考自己真正想做的事情是什么，应该用什么样的心态去迎接并度过每一天。

如果发现了自己真正想做的事情。那就不用等到“某天”再开始，而是可以腾出“现在”的时间，思考做事情的方法并付诸实践。就可以把“改天”想做的事情，挪到现在来做。也许，在这个过程中你会发现，或许自己心心念念想做的事情“只是单纯的想想而已”，并不是真心想做。

世界上的事情千千万，既有自己能搞定的，也有自己的意志决定不了的。拥有的时间便是无法决定的事情之一。我们所能做的就是有意识地去把握“现在”，专注于眼前的风景。

19 不拘小节的收拾整理法

无论自己如何小心，依然不可避免会发生让自己讨厌的事情、痛心的事情、不得已的事情、意外的事故，或者事与愿违的事情。有时是自己的疏忽导致，有时则是无能为力。

此时，就要学会释然。已经发生的就由它而去，不去评判“好”与“坏”。因为，如果非要区分出“好”与“坏”，那么事情就真的会被定性为“好事”或者“坏事”。与其如此，不如淡化并忘记。

当然，并不是说对发生的事熟视无睹，而是要干净利索地处理，不拖沓。

很多时候，判断一件事情的好坏时要把它放在一个纵向的时空中，而不是它发生时的瞬间。

耿耿于怀说明你还停留在那个时刻。我们没有必要在情非得已的事情、人和场合上耽搁太久，要学会跳脱与躲闪。勇敢出发，开启人生新篇章。

うぶけや

20 自己的准则

牢牢记住整理后清爽的模样、自己舒适时的状态。如果忘记了，就立即回想起来。

如果经常保持心情舒适的状态, 久而久之就会成为常态。想想此时自己做了何种选择？做了何事？行动、姿态、言语、着装、饮食、会友、见闻、判断又分别是什么？思考一下到底是什么塑造了自己？

内心的动摇和退却时有发生。但是，随着时间流逝，这些经历会变得很有意义。已经发生的或将要遭遇的事情，其意义之所在，“接下来”的时间会给出答案。

一件事究竟对自己产生何种影响，这要看自己在接下来的时光中如何去定义。时间会给出答案。

所以，我们要谨记“状态良好时的自己”。记住这个状态下自己的心情、理解方式、选择。记住自己对于这个世界的感受。

有了自己的一套准则，即使偶有偏离，也能回到这个轨道上来。这也是准则存在的意义。

21 舒适的位置

心理动摇了往往由于外界的人和事所引起的。正如“一千个人就有一千个哈姆雷特”一样，这世界上有多少人就有多少种不同的观点和价值观。在这里面，既有对自己有用的意见，也有无用的杂音。重要的是怎么降低外界对自己的影响，从中吸取哪些内容。这些需要自己制定出选择的标准并加以培养。

为了尽量降低来自外界的影响，要做好以下两点。第一点：专注于自己；第二点：整理出一个可以让自己专注的环境。

如果听任周围环境的发展，自己多半会在无形中受到影响。与以前相比，现在的环境发生了天翻地覆的变化。以前由于环境比较闭塞，你根本不可能知道远方发生了什么，更别说受影响了。

而现在则是信息泛滥的时代。一不留神，就会被铺天盖地的信息所淹没。可能会有人觉得没必要这么杞人忧天。

适应这种状况。所谓的适应，是指不介意这种状况，以此来保护自己。然而，这不过是一种自我麻痹的方式。我并不能断定这种选择到底是好还是坏。

有些外界影响是我们无法左右的，比如：工作、自己无法决定的事情，或者自然现象等。除此之外，只要你“想整理”环境，在某种程度上还是可以进行的。

让思想自由驰骋，去思考在什么样的环境中自己才最像自己，在思考过程中考察自己的心理状态、身体情况、自己周围的世界。当发现“这个环境很棒”，那就从此处开始整理环境。

22 审时度势

观察一下你的四周，看看有没有空气沉重、凝滞，或者让你介意的地方。如果有，那给你一种什么感觉呢？

整理后，就会有新的发现。比如：之前不起眼的地方让人有了眼前一亮的感觉，又或者“稀松平常”和曾经看漏的地方忽然洒满了阳光。

“整理”和发现紧密相连，无论是自己还是世界都适用这个规则。越整理，你的眼界越开阔，看到的世界越大。这是因为视线已经可以看到更细微的东西。

有一天，你会发现自己正站在一个较高的位置来看这个世界，一个较之以前都要高的位置。

站在一个前所未有的高度去审视之前无意识做出的判断“这个是这么回事”，去审视自己曾深信不疑地认为“无法改变或不会改变”的事情。当你发觉自己第一次看到了自己不曾留意过的事物时，你知道自己的眼界已经今非昔比。

当你准备好了，就能踏上发现之旅。所谓的整理场，除了指整理看得见摸得着的空间和房子之外，还指整理自己的世界，比如：意识、感觉及对事物的看法等。

23 场的意识

人营造出的氛围，会对场形成非常大的影响。空间自身的力量可以左右场给人的印象。除此之外，还和位于空间的人的心情有很大关系。

“整理场面”不仅仅是指整理整顿“场”，还包含整理位于这个空间的人的心情。看到的风景不同、感受不一样、思考方法不同，就会有不一样的体验与感受。这些不同之中的共同点在于“位于同一个场中”。

位于这个空间的人如果能够意识到“位于同一个空间”这点的话，场就进入了整理的环节。心情也会发生变化。意识到“自己也身处其中”这点，才能在这个场中待得舒适。这有点类似共同作业，虽然不言不语，但是都在无意识地配合着共同作业。

场和人其实是互相成就的。整理场的最后一步，其实还是整理人、人的力量。场因为人得到整理，人因为场而获得整理。

24 减少物品

也许你会觉得：物品由少增多易，由多变少难。其实，这不过是自己吓自己。

确实，如果东西少的话，不仅有利于整理，而且容易坚持下来。话虽如此，矫枉过正也不可取。不能为了好收拾，就不管三七二十一把东西都扔了。

减少物品的前提一定是你理解了这么做的意义、理由、必要性和自己想要的状态。弄清楚了这些，自然而然就知道了该减少哪些物品。

做到心中有数之后，你会觉得执行根本不是一件“难事”。除了扔掉之外，放一放也不失为一种处理方法。也就是说，重新认识自己，审视自己与物品的关系。

对自己的认识到了某种程度的话，就能清晰地判断出物品的去留，是否要继续使用，想要保持什么样的关系。比如：每天所看到的风景、物品拿到手里时的感觉、时空或者思绪。

我们就是这样，每天在反反复复增减的过程中获得了整理。

25 掀起波浪

作为对外部环境进行整理的形式，通常包含对手头物品进行整理和对居住环境进行整理。有时，可能只是一次特别简单的整理，都会让人觉得特别舒服。比如：整理一下邮箱地址或者电话号码。

整理完一件事物之后，如果还有其他让自己介意的地方，那就接着整理。此时，既可以整理自己当下所看到的，也可以整理很早之前就有意整理的地方。

一旦开始，就会在内心掀起整理的情绪。刚开始只是涟漪，持续下去就能成为波浪，忍不住“这里”“那里”都要整理。

能够感受到“整理”这种空气的场合和人都深谙波浪唤起术。他们会做各种努力不让涟漪消失，知道怎么让涟漪变成波浪，深知这么做的必要性。久而久之，就能达到收放自如的程度。

有时也难免会觉得：好像提不起整理的劲儿，我也想整理啊，可就是不想动啊。这是没有波澜的缘故。不仅心里丝毫没有整理的波澜，外界也没有推波助澜的力量。

不过，没有关系。一旦开始，自然有波。通过回忆找回这种感觉，让内心重生波浪。继而掀起波浪，高歌前行。

M
T
K
A

26 拥有之物、使用之物

你手头现在都有哪些物品呢？每天都在用的物品处于什么样的状态呢？

世间万物时刻都在发生变化，不存在不变之物。看起来一成不变的物品，其实也在我们看不见的地方悄然地发生着变化。

某天，你突然发现以前适合自己的物品或者中意的物品，在岁月的流逝中变了模样。此时，可以根据情况再选择适合自己的新物品。

刚加入工作的新人和已经工作数年的人所使用的物品有很大不同。随着工作的方法、态度、地位发生变化，所获得的东西自然也会发生改变。

比如，现在有能力购买梦寐以求的物品了。再比如，随着年岁的增长，有心力注意到年轻时曾忽略的事物的美好了。不光是使用时的舒心程度，甚至还可以感受到形状、触感、制作者的意图等这些原本看不到的内容。对于那些被“赞美”的物品，也能理解为何被称赞了。

工作方面，检查一下与工作相关的常用物品，比如包、鞋子、钱包等。

日常生活中，建议检查一下杯子、刀具，擦拭餐具的织物，睡觉时用的寝具等。像这样，把穿的、用的、自己所看到的身边物品都检查一下。通过检查这些物品，看清位于物品另一端的自己。

如果觉得已经不适合现在的自己了，那就买新的替换掉。通过对物品进行保养、修理，重新建立与物品间的联系。

自己想和物品间建立什么样的联系？想怎么对待物品？想怎么被对待呢？这其实与自己和自己周围世界间的关系非常相似。

27 从细微处开始整理

进行整理的方法有很多，既可以从大处开始，也可以从小处着眼。从大处开始要干脆有魄力，从小处着眼重在细腻。

整理每天使用之物。比如：背包、钱包、袋子里面。

整理完之后，不光物品变得清爽了，连心情都变得畅快起来。进而你会发觉，原来自己每天都在带着不需要的东西跑来跑去。

找出不需要之物是一件非常重要的事情。为了找出不需要之物，要根据彼时的情况选出适合自己的物品。选择时不要怕麻烦。

通过整理能够看清自己的现状。

毫无疑问，轻松的环境无论对人还是对心情都好，更有利于生活。

从身边之物开始整理，可以清晰感知到点滴变化。坚持重复过多次之后，你会发现不知不觉间自己整理的范围已经变得很广。

28 继续持之以恒地整理

不要以为一次整理之后就万事大吉了，这需要每天不间断地继续。乍一听，工作量好像很大的样子。事实上，只不过需要每天持续进行一些小整理而已。

以整理空间为例，一看到多余的物品就可以开始行动了。在引起你的不适之前，在物品堆积起来之前，行动起来。久而久之就能习惯成自然。无论是思考方式还是行动都要养成这样的习惯。

“用过的东西要物归原处”这样的准则执行起来会比较费时间。人难免有懒得动的时候。但是，需要规整时，总得有人在某个时刻把物品规整到某处。所以，在觉得“麻烦”之前就要行动起来。要是与他人一起整理的话，就连麻烦都减半了呢。

人的心情每天都处于变化之中。即使昨天心情很好，今天的心情也未必如此。起伏的心情在面对现实时处于何种状态取决于练习，整理这件事本身与其相似。

昨天所做的简单的、琐碎的整理却连接着昨天、今天和明天。

29 你想看到什么样的风景

当你觉得“这样做更好”“我想这样做”时，要将这些所思所想“可视化”或者“写下来”。确认所思所想的过程及相互间的联系。

通过“可视化”或者“写下来”，可以将散乱的思维、模糊不清的事物拉到眼前，然后进行总结梳理，再整理到纸上。通过可视化整理，就能有新发现，能看懂为什么现在“是这个样”。

将所思所想写出来就像是在绘制属于自己的地图。一张包含现在和未来，标注有连接未来路标的地图。

绘制好地图后，考虑一下到达目的地的路径。去往目的地的方法有多种，就看你想看到什么样的风景。

沿途看起来好像有多条道路，其实指向的目的地为同一处，只是花费的时间不同而已。无论选择什么样的道路，只能有一条比较近的路径到达。确实如此，本质的东西，没有太多。

既然如此，不如欢欢喜喜地选择自己喜欢的风景。走在其中，心情会格外舒畅。

杂乱无序的想法会让人焦虑不安。通过写下来会发现其实剑指一处，因此无须再为此劳心费神。体验一次这样的行动，就能体会到写下来的必要性。即：整理自己所绘制的地图的必要性。

30 形成自己独有的套路

所谓的“选择”是指从众多散乱之物中搜寻出符合自己的思想、感受、感觉之物，并且每天使用。

虽然这里选择了“使用”这个词，然而其对象并不限于“有形之物”。也可以是看不见、摸不着之物。

比如：每一天怎么度过，和人说话时怎么遣词造句，去往何处、有何感想，以什么样的态度做什么样的工作，和谁一起度过了什么样的时间，这里使用的对象分别是时间、语言、自己。有意识也好，无意识也罢，我们都在运用并实践着选择。

久而久之，选择的结果便有了不成文的规定，那是属于自己独有的套路。

套路有很多种，比如：心情套路、生活套路、工作套路。套路的范围以自己为中心，并且可以发生或大或小的变化。然后，在不知不觉间成为习惯。甚至不用思考，身体都能很自然地做出相应的反应。

早上睁开眼后所做之事、工作前所做之事、晚上睡觉前所做之事，这些事情久而久之就成了习惯。这些习惯之中，有的让人的生活井然有序，有的给人带来好心情和好身体。这些每天的习惯成就了个人。

要发掘出适合自己的套路，有了这些套路就可以让自己过得更舒适、活得更容易。为了达到这种理想状态，需要不断去寻找。

31 轻快的魅力

是轻装上阵，还是负重前行？这两种截然不同的选择会给旅途带来完全不同的影响。

不光旅途如此，生活中也是这样。一个人行李的数量、种类和形状就是那个人的生活方式。

如果想步履轻盈，行李就要轻些。如果想通风良好，行李就要少些。总之，要尽可能轻快。

轻快意味着更多可能。当机会来临时就能眼疾手快地抓住机会。即使计划有变也能迅速做出反应，去见想见之人。并且容易收拾整理，找东西也非常方便。当然啦，最重要的是旅途可以很容易继续下去。

整理是为了轻快，易于行走，有利于通风。

32 舒适的时间轴

时间无影无形，看不见摸不着却又真实“存在”。无影无形的魅力在于自由、无拘束。既可以随意感受，也可以任意进行分割。我们可以对现行世界中流通的时间和自己所掌控的时间进行整理。

花点时间，下点功夫，使自己尽可能每天都过得舒适愉悦，使欢乐的时光长驻。要想生活舒适愉悦，重要的是制定自己专属的时间轴。决定“这就是我想要的时间”。

时间因人而异，随心而变。如果认为时间是自由的，那么它就是自由的。

如果认为自己被时间所裹挟，那么事实也会变得如此。我们不应该被无形的东西束缚，疲于奔命。

33 早整理

一日之计在于晨。早晨也是最适合整理的时刻，谨记这一点就可以用愉快的心情开始一天的整理。

即使前一天的心情不佳，今天也不要为昨日之事所牵绊。

不妨冲个澡或者慢慢品一杯茶，把重心集中在今天的计划上。留心光影、风，关注四季的变化。想一想今天的主题，比如：今天这一天都要温柔细心。设置一个属于自己的开关，一旦按下这个开关便让自己进入这个时空当中。在这里内心平和而安静，可以细细品味食物等。

然而，多数情况下都没有办法保证每天都能做同样之事。由于清晨的时光短暂，所以很多事情都来不及做。即便如此，如能事先制定出自己独有的“整理法”，并按照这个节奏进行，就能每天都收获好心情。

可以在自己的生活中引入好的，或者让自己舒服的事物。

心情好是一天，心情不好也是一天，所以要尽可能以好心情迎接每一天。此外，还要制作一个晨起做事的流程。

34 晚收拾

在一天将要结束之时，想想安然度过了这一天，忍不住长舒一口气。还剩下的这点时间是要匆忙度过，还是用来为第二天做准备呢？这取决于自己的选择。

重要的不是“能不能”，而是自己“想不想”。虽然可能做不到，或者做了无法达到尽善尽美，但是这种“如果可以的话”的想法却比什么都重要。

这种想法会停留在内心深处，并持续地对自己的选择产生影响。

晚上，要为第二天做些准备。比如，整理一下要穿的衣服、再次检查一下工作中要用的资料。第二天清晨在舒适的房间中醒来，整理起来也比较简单。

如果想早上醒来时神清气爽，需要对身心进行维护。比如，试着去回复待回复的信和邮件。喜欢书的人，可以读几页书。爱好音乐的人，可以听听自己喜欢的歌。这些小事会成就美好的一天。

有时候可能因为疲惫导致有些计划完不成，这时候不必苛求自己，顺其自然即可。只需想着“今天也是很棒的一天呢”安然入睡即可。这种好心情会对第二天产生积极的影响。

35 一日之内进行多次整理

一日之内进行多次整理。整理过后的清新环境可以瞬间引爆好心情，就连往常平淡无奇的风景都变得熠熠生辉。

有时会感到莫名的悲伤，精神萎靡，心神不宁。此时，不妨调节一下空气氛围。比如：做点不一样的事，或者换个新思路。

再比如：可以调整一下自身、空间、空间的事或看到的风景。

也许，喝一杯茶就能改变气氛。喝茶不仅能够放松身心，而且可以集中注意力。

也可能多看了一眼窗外的风景，心情就得到了放松。从而，接下来的工作就变得干劲十足。因为心灵被窗外流动的白云、天空的颜色、吹拂的风所治愈，瞬间有了“加油”的动力。

重新整理的方法有很多，比如：换个话题，或者换个地方，再或者打开窗户让风吹进来，又或者去散个步，抑或改变说话的方式。整理后，心情会变得非常舒畅，不仅有助于发现新事物，甚至就连时间都变得美妙起来。眼里的世界闪烁着与往日不同的迷人色彩，接下来说不定还会发生什么幸运的事。

日常做事时，往往会无意识地把情绪带到下一个阶段的工作中。如果心情不佳，不如换个心情。柳暗花明之后将迎来一个全新的明亮风景。明亮的风景往往连接着明亮的地方。

转换空气是指调整那个场合，及调整人的意识，使心情、

物事、关系变得井然有序。

无论土地、场所、时间，还是人的心情，一旦停下来就会凝滞。很多事情皆如此。因此，为了避免出现这种凝滞，今日只需认真考虑今日事，整理自己今天的心情及自身。

如果能像这样重新整理、出发，就能轻松度过每一天。

“来吧，开始下一步吧”，也许只是这么一个小暗示，心情就会变得不一样。

“来吧，开始下一步吧。”

36 调整呼吸

有时，碰到某件事时会忍不住感叹“要是这样的话”心里也就有底了。想换个心情时，不妨喝杯茶，散个步，或者读本书。再或者有时间的话，还可以去旅游一下。此外，调整呼吸也不失为一个好方法。

持续紧张时，呼吸会变浅。不过，很少有人能意识到这一点。等能够做到深呼吸时，才第一次意识到过去的呼吸是多么浅。

长长地深吸一口气，让肩部肌肉放松，胸腔打开。只需这么做，舒适度和安心感就会增加。

日常生活中，有意识地调整呼吸。想起来时就做调整。

端坐在椅子上，后背伸直，闭上双眼，有意识地调整呼吸。然后，吐气，吸气，深吐气，然后吸气。通过反复练习，就可以加深呼吸。

日常生活中要见缝插针，无论何时何地都准备些随时能做之事。呼吸便是其中之一。

持续进行深呼吸，让其像喝茶、散步、看书一样成为生活的常态。

37 该呈现时就呈现

该呈现时就呈现。不光物品如此，语言、心情、想法、知识皆如此。

将自己的内在用语言呈现出来。通过语言的表达，有时可以看清楚自己此刻的所思、所想、所悟。

经验不只属于自己，同时也是为了传达给他人而存在。就像自己从别人那里接过来那样。

就经验方面来说，既有年长者惠及后辈之时，也有新人给前辈带来清凉之风的时刻。

用语言呈现出来时，自己的内在也会得到整理。整理的过程中，原来含混不清的事物、散乱无序的事情会得到梳理。捋顺后，再用语言的形式呈现出来。

呈现的初衷原本只是为了惠及他人，其实到后来会发现自己也受益颇多。这种事情在现实中也经常发生。

整理、表达完成之后，会接着开始新一轮的整理、表达。而新出现的物事和情况也会因为某个人、某个地点而出现。

38 整理语言

想表达什么，使用什么语言，如何去表达，即使是同一个物品、同一件事，采用不同的表达方式会给人截然不同的印象。要描述什么，使用什么语言，如何去描述很重要。无论说话者还是倾听者，通过语言的沟通，双方的心情都能得到整理。

舒适的语言让听者如沐春风。即使语言没有传到的地方，那里的空气也会被这种温度所感染。

准确无误的表达能精确直观地传递自己的心情。真诚的语言能打动人心；幽默的语言，则能为尴尬沉闷的场面注入轻松愉快的空气；应景的语言，能让身处其中的人、物事得到整理。

不仅说出来的话这样，写出来的文字也同样如此。字如其人，通过书信、笔记、邮件中的文字可以察知文字另一端的人。

使用语言的过程中，有意识地选择所要使用的语言。坚持下去，舒适的表达方式会越积累越多。这些整理过的语言会给周围的人、物事，带来很大的变化。

39 工作带来的收获

通过工作能了解、学习和获得很多东西。工作不仅能让人获得成长，而且可以塑造人。

工作不仅能填饱我们的肚子，还能让我们整理自己，带我们进入到下一个阶段。

通过工作能够收获的东西很多。其中，有些共性的内容。比如：清爽、整洁，是否力所能及，对于整体的把握，对待工作的态度或处理的方式，建立关系的方法等。

刚开始不懂的、不擅长的，或者做起来很费时的事情都可以通过工作来掌握。说话的声调、选用的语言、所作所为、看待事物的方法等，也可以在工作中得到锻炼。

而这些终将成为个人魅力的一部分。

工作还可以调节心情。反过来，调节后的心情会更有助于工作。“工”（在日语中写作“仕）这个词的本质意义就是如此。

40 整理金钱的方法

做完一件事后，作为报酬获得的有形物品就是金钱。

先有做事的过程，然后才能获得金钱。通过循环往复的流通，才能发挥金钱最初的作用。从某种程度上来讲，金钱就像是能源一样。通过交换，用金钱这种能源换得某种形式或行为。人与金钱之间的关系，完全由人自己来决定。要做金钱的主人，不要成为金钱的奴隶。因此，怎么使用这种能源，以何种心态使用取决于一个人怎么定义金钱。这也决定了金钱的使用方向。

善用金钱，且用且珍惜。需要使用时开开心心使用，在使用的过程中体会其本质。

使用时，怀着这种信念，就能做到取之有道、用之有度。

金钱这种能源存在的意义在于流通，通过流通活起来。

这和发挥个人能力非常相似。发挥个人能力有很多要素，比如生命本身、每天的食粮、才能、能做之事、想做之事这些要素。因此，二者非常相似。

金钱不光能推动自身的流通，而且还能推动自身之外的事物以及人运转起来。把自身所具有的能量置换成他物。

金钱通过交付才能发挥作用，它可以成为任何一个形状。

所以，要对其进行整理。理解其本质意义，思考其使用方法。既不用过度担心，也不必拘泥于小节，更不能被其支配，要与其建立良好舒适的关系。

要让金钱流通起来，不要让其沉淀。乍一看，整理的好像是金钱，实则是整理自身和自己所看到的这个世界。

金钱会随时间而发生变化。世界发生天翻地覆的改变的

话，金钱的价值也会发生改变。

是的，任何事物都需要流动起来，而不要一直留到最后，金钱更是如此，所以才更需要掌握金钱的使用方法。

41 我快乐，所以我选择

面对选项时，有时候我们会纠结，不知道选哪个好。比如：到底去还是不去？见还是不见？拿还是不拿？

一天之中会面临多次选择的时候。有时，不用思考就能立即做出决定。有时虽然犹豫再三，却依然定不下来。

虽然我想去，可是现在没心情啊。本来约好了要见面的，不过这会儿状态不佳呀。到底要不要买呢？哎呀，到底该怎么办啊？我下不了决心。

这种情况下，可以在脑海里畅想下做出选择后的自己。

比如：准备去的自己和没有去成的自己，见面后的自己和没有见成的自己，拿在手里的情景和没拿时的情景。

哪个选择让你感到紧张？哪个选择让你觉得身心放松？

人的大脑总是会考虑各种事情，比如：目前所掌握的各种信息、今后的期待等。然而，身体是最了解个人当前状态的，这种了解远远超出了我们的想象。你的真实状态都准确无误地反映在身体上。

做出选择前，比较一下两个选项。如果其中一个选项使你的身体感到紧张，就选择身体觉得放松的选项。

不紧张时，能够深呼吸，身体也是柔软的，身心合二为一，处于一种放松的状态。嗯，要的就是这种感觉。

对于一个人而言，这种莫可名状的喜悦非常珍贵。当然，做出相反的决定后，意外得到的喜悦也一样宝贵。

身体会为我们做好进入下一个阶段的准备。有时我们能很清晰地感受到身心都处于“非常棒”的状态，有时只是凭大脑做出判断，觉得自己状态不错。无论哪种状态，我们的

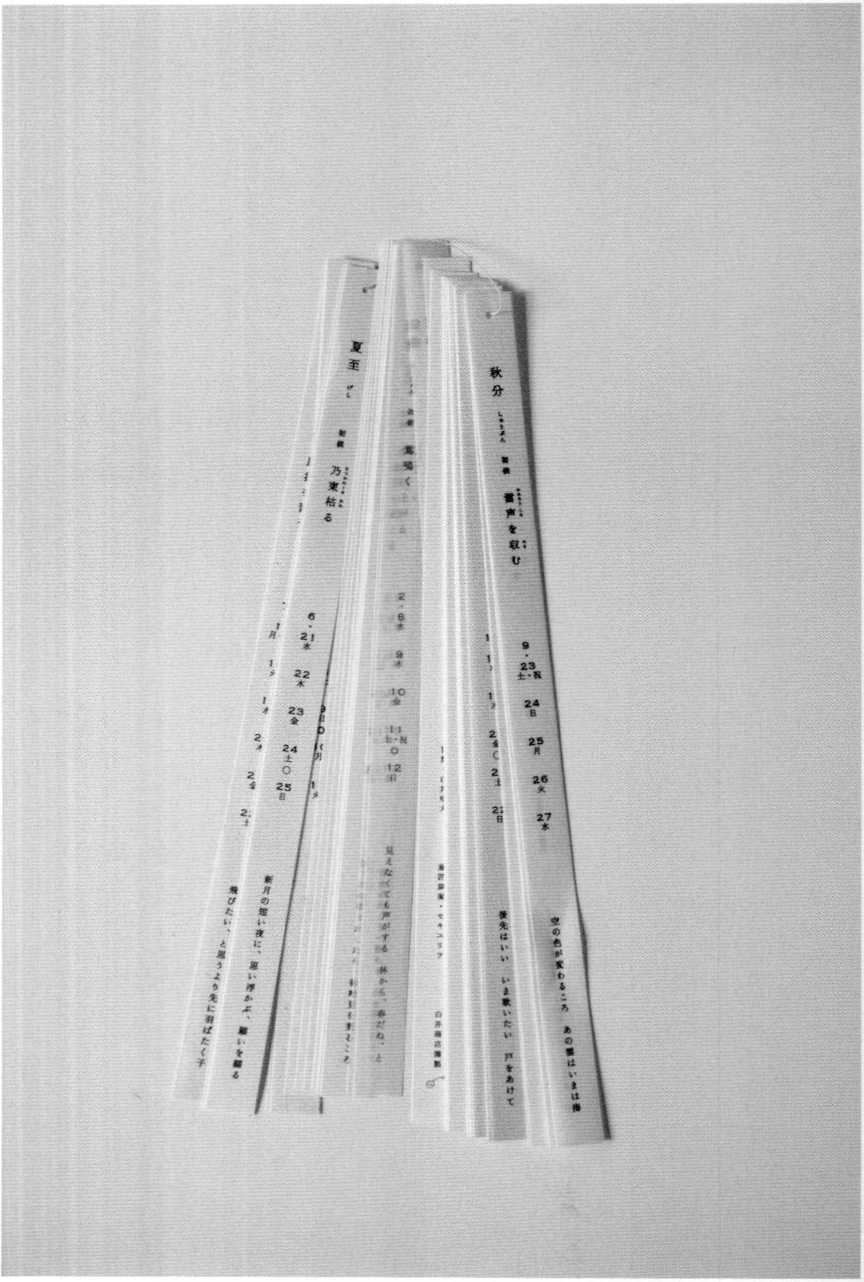
夏至
秋分

身体对自己的情况都知道的一清二楚，也就是说，有没有问题自己身体最清楚。

当自己感到困惑，不知道“该选择哪一个好”时，不妨问问自己的身体：是否紧张？然后再做决定。

42 有取有舍

有时会面临二者择其一或必须做出决定的时刻。然而，却发现选择项里并没有自己想要的选项。无法选择时，“不选择”也不失为一种选择。

之所以决定不了是因为心里还没有最终定下来。也可以这么说：是身体还没有做出决定。之所以没有做出决定，有时是状况不允许，有时则是不能。

此时，不选择也是一种选择。

无法做出选择也无妨。如果不得不选择的话，不如等自己中意的选项出现后再做选择。

可以将选项暂时放在一边，等到心定下来后再做选择。也可以自己创造出想要的选项。经过岁月的洗礼，有了某种经历之后再做选择。

无论是二者择其一，还是从众多选项中选择，该做决定时就要做决定。

也许，一切早已有了定论，无论选择项还是非选择项。

43 侧耳倾听

身体通过吃到嘴里的食物得到构建。当吃到合适的食物时，身体会变得很畅快。吃到不合适的食物时，身体会向我们发出信号，告诉我们“这种食物不对”。

人没有办法用眼睛一探自己身体内部的究竟。然而，虽然看不见，却并非什么也感受不到。身体会通过各种反应告诉我们目前处于何种状态，以及希望我们怎么做。

身体畅快时，身心都非常地轻快、恬适。吃的食物不对劲时，身体会莫名地感到沉重。身体传达信息时总是悄悄的，如果不认真听的话根本无法获知。所以，要仔细听，认真去感知身体的变化。

饮食习惯可以给身体带来变化。这种变化有时候第二天就能感觉出来，有时候则需要一周、两三个月甚至半年后才能感受到。

如果食物是合适的，可能吃很多年也不会给身体带来很大的变化。如果吃了一段时间后发觉健康和体形发生了改变，那就是身体向我们发出了信号。

虽然我们意识不到，但其实身体本身常常会自我调整，以变得更好。

到底什么食物才适合自己的身心呢？为了使自己过得更舒服些，我们需要弄明白这件事并传达给身体。

44 畅快的感觉

事先知道什么东西不能吃非常重要。不过，即使知道了也不要过于强调这一点。比如刚吃了一口后，猛然发觉“哎呀，坏了，我吃了”，从而导致自己非常懊悔。与其这样，倒不如把关注点放在“吃什么会让自己畅快”上。

吃了这个之后感觉自己身轻如燕，忍不住想闭上眼睛回味。心里恰似春风吹过，忍不住连背部都挺直了，伴随着一声满足的叹息：“嗯，就是这种感觉。”我们要记住并增加这种感觉。

虽然有很多书可供参考，但是理论和现实还是有差距的。毕竟，拥有现实中身体的人是我们自己。所以，重要的是自己的身心平时处于“什么样”的状态，身心有何感受。这才是最真实可靠的感受。

通过持续观察，找出“嗯，就是这种感觉”。找到后，要尽可能保持这种舒适的感觉。

我们的身体时刻都在发生变化，年龄与日俱增，心情也处于不断更新中。所以，要根据不同的时段及时发现什么才是合适的。

45 你想吃什么样的食物

吃什么样的食物、怎么吃和生活方式密切相关。

味觉和口味因人而异。每个人的体质也不相同。随着年龄的增长，这种变化会更大。时代、土地、养育方法不同，每个人对食物的理解也不一样。对他人而言好的食物未必适合自己。

吃东西可以给人带来喜悦和满足。至于自己适合什么，唯有尝试过才能知道，而不能单纯地依赖他人的数据和感受。

每一天都是由很多“选择”串起来的。怎么生活、怎么吃饭也是其内容之一。

美味可以分为不同的层次：用舌头可以直观感受到的，用五官感受到的，吃的时候和吃完后获得的满足感，吃完后身心的舒适度等。在这么多的层次中，也包含“整理”这个层次。比如：吃过美味后身心就可以得到调试，从而获得整理，只要一吃美味准保就可以获得这样的感受。

由于每个人情况不同，能达到什么样的层次并无标准答案可言。虽然如此，但有一点可以确定，吃什么还是可以自由选择的。

在吃东西这件事上还有一个好处：只要“选择”好，很快就可以吃到。

你想吃什么样的食物？又想和哪个层次产生联系？今天和今后可以有意识地去选择自己喜欢的食物。

46 食物的力量

食材在灵巧的手中发生变化，最终成为食物。通过双手，坚硬的食材变得柔软，过大的尺寸被切削得恰到好处。不易消化的食材经过加工变得容易消化。加入甜、辣、苦等五味就做出了诱人的“美味”。

想整理时，不妨从吃开始。带着“我想吃顿好的”那种心情，尽情享受美食。

自己在获得整理的同时，食物也获得了整理。相反，如果没有好好吃饭，多数情况是个人状态也不会好到哪里去。有时会因为工作太忙，导致没有心情吃饭。心情不爽、身体不舒服时，更加懒得吃饭了。

这个世界上有那么一种人，吃了别人做的美味料理后身心就能得到恢复。“美味”不仅能够滋养身体，而且可以唤醒人的内心。吃了这种美味，就能恢复原来的自己。

重整心情投入料理时，既不需要做夸张的食物，也不需要做很多花样。晚饭做个味噌汤，再加个腌的咸菜即可。即使料理的种类不多，只要在这个过程中用心，就能帮自己看清楚什么才是重要的。一口一口，用心品尝，静静调整自己。

通过他人做的食物、自己做的食物来调整自己。

47 建立与食物间的关系

你每天吃些什么、怎么吃、什么时刻吃，会感觉自己身心舒畅呢？同样是看起来“美味”的食物，有的美味只存在于表面，有的美味则能潜入人的灵魂深处。

美味虽好，也不能贪多。吃多了，身体会吃不消。适量的食物，可以使身体变得畅快轻松。

食物也有很多讲究：吃的时间、吃的方法、量的多少、吃什么、要不要吃。

与食物间建立什么样的关系和自己想怎么生活，想拥有什么样的身体密切相关。

食物哲学反应的就是人生哲学，所以通过食物可以反映出另一端的自己。通过食物来塑造身体，通过吃这种行为来培养自己。

与食物之间的哪种关系让你觉得心情愉悦呢？或者说成为哪种关系，会让你觉得身心舒适呢？

身体是不会瞬间发生改变的，而食物则不同。当你决定选用不同食物后，马上就可以更换。

不妨问一下自己：未来我想成为什么样的状态？然后把这种选择通过食物在桌子上呈现出来。

48 通过食物进行调整

当你用另一种角度来看待吃东西这件事时——“为了使自己达到更好的状态”，就可能会有全新的感悟。

吃这件事是每天都要进行的，所以没有必要定一个严格的规则。不过，有一点需要提醒大家：身体比我们想象的要坦率直接。所以，要有适合自己身体和生活的吃法，知道合适的食物。

要形成适合自己的基本规则。比如：尽可能吃美味食物，不吃得过饱，根据每天的情况定些简单的食谱，一日三餐，保证食材新鲜。围绕着这些基本规则，根据不同的情况灵活地做出变通，从而培养出与吃及食物间的关系。

重新认识食物，改变吃法，就能发现身体的改变。而身体一开始就对此知道得一清二楚，知道怎么做才能达到最佳的状态。

接受在岁月中日渐老去的身体，并将其调整到最佳状态。食物，在这方面可以给予我们力量。

为此，可以整理一下用餐的环境。在享受到美味的那一瞬间，对这个瞬间及食物怀有敬意。

御銘茶

49 说出你的想法，去确认

这个世界上有各种各样的价值观。所处的时代、年龄、生活背景、面临的状况不同，思考问题的方式、理解问题的方式、感受问题的方式也会有很大差异。

即使面对同一事物，观察者不同，经验不一样，“着眼点不同”导致的结果就有很大差异，处理的方法也不一样。我们眼前所看到的景色，绝不是一个单一的世界，它由众多人看到的世界所构成。

处于这样一个世界之中，根据“吸引力法则”，我们会邂逅与自己观点、思考方法相近的人。因为彼此之间重视的东西相近，看待问题的角度相似，对于好的事物和不好的事物的判断一致等，所以才能被吸引到一起。

把自己认为“好”的事物用语言表达出来，这样才能确认与他人的观点是否相同。

身边的人未必和自己拥有相同的价值观。每个人的感觉都不同，随着时间的流逝，这些会成为他个人独有的东西。

“整理”自己的世界。从整理物品开始，再到整理自己的内心，一直到形成一个简单统一的人生为止，期间要经过好几个不同的层次。在这个过程中，交流和确认有助于整理的进行。

50 行动、确认、行动

世界在一刻不停地转动着，所以才是一个活生生的、真实的世界。思考一下“想收拾”“想整理”的内容。明确“想要”“想做”的事情。然后，展开头脑风暴。接下来，开始行动。

在动起来的过程中思考。行动，确认，然后接着行动。无论身体还是心灵，抑或者想法，通过行动可以引爆更多的行动。

无论心情不畅，还是身体沉重都能拖垮行动。因此，要调整身心，让身体变得轻松畅快，让行动和思考一致。

从而，让僵硬的身体柔软起来，获得好心情，让枯萎的心舒展起来。光靠语言和想象，不会对眼前的世界产生丝毫影响。只有行动才可以让改变发生。

51 透过整理看清人、事

在整理的过程中，能看清一些人和事，比如：自我，日常生活，工作，家人，与他人间的关系，自己在乎的事情，今后想怎么做，过去、现在还有将来。

整理既是一个过程，也是一个驿站。问一下自己每天的感觉，确认自己希望如何度过每一天。通过整理，自己的想法会变得清晰，有利于实现。

一边行动，一边整理，在这个过程中可以看清曾经的自己和今后的自己，现在的环境和今后的展望。这样做不仅可以使心情焕然一新，而且可以帮助自己回忆起哪些才是最重要的。说不定还能带来新思路。

每个人都需要一个“整理”的过程和进行整理的时间。

带着快乐的心情做事，事情就能进展顺利。清晨，睁开眼就看到了洒满房间的阳光，这一天一定是美好的一天。沉稳静谧的房间内，与友人一起品一杯香茗，静享这份恬静美好。这样的整理都能使自己获得快乐。

这些时间和所思所悟会在我们的身心上留下印记。“整理”其实就是培养塑造自己的过程。

后记

我一直认为，条条大路通罗马。这就好比登山，通往山顶的道路非常多。无论你选择哪一条，选用何种走法（当然也可以跑着上去，或者中途休息），都能到达山顶。

登山路只是一个比喻，当然还有其他类比的方法，比如地图和物语等。一张有关自己的地图，或者以“我”为主人公的物语。

无论以前，还是现在，“我想活得畅快轻盈”这种想法从未发生过改变。在我做决定时，做选择时，握在手里时，放手时，多数情况下都以“畅快轻盈”为准则。我也经常思考，自己的“畅快轻盈”到底指的是什么。

然后按照这个准则，尽最大的努力让自己成为所期望的样子。

就这样，几年前我与禅邂逅了。一开始并没有特别的感觉。最初只是因为不了解，所以迷恋。因为不懂，所以想知道。然而，坐在静谧而淡雅的空间中，我觉得身心异常舒适。有那么一瞬间，时间仿佛消失了一般。当我回过神以后，听到了树叶间发出的飒飒声响和清脆的鸟鸣。那一刻，我真切地感受到了“生”的本质和身体的存在。这是一种从未有过的体验。

当然，也有坐不住和失眠的时候。这时，我也不会过于强求自己，只是顺其自然。我所能做的只是关注“此刻，这里”，把注意力放在眼前。

让心贴近此时此刻，认真做事，从而让能做的事情变得简单可行。在这个过程中，事情逐步得到整理。持续下去就会发现自己也变得畅快轻盈起来。

无论“畅快轻盈”，还是“整理”，其目的都是相似的，只是用词和方法不同而已。这就好比无论选择哪个入口，对应的道路都能到达山顶一样。

为了实现“畅快轻盈”而整理。因为整理而更加“畅快轻盈”。体会过这种妙处之后，在做事、选择或者困惑时，会首先想到“整理”。

这本书中，记录了我对“整理”的体会，有时是抽象的感受，有时则是具体的日常生活。关于如何“整理”这个问题，并没有统一的答案和方法。如果发现了适合自己，让自己感觉到舒适的“整理”方法，不妨去尝试。说不定还可以成为减负的契机。

在本书成书过程中，得到了摄影师加藤新作、设计师渡部浩美的大力支持。此外，在编辑的过程中，还得到了渡边智子、加纳新也的协助。在此，对给予帮助的这些朋友们深表感谢。我最要感谢的还是阅读本书的您，谢谢您对于本书的喜爱。

希望您可以按照自己的节奏去攀登您面前的山，描绘好自己的地图，书写出属于自己的物语。

于 2017 年冬至　　广濑裕子

图书在版编目（CIP）数据

日日抚慰. 改变人生的心灵整理术 / （日）广濑裕子著；
杜慧鑫译. — 北京：东方出版社，2019. 2
ISBN 978-7-5207-0695-7

Ⅰ. ①日… Ⅱ. ①广… ②杜… Ⅲ. ①人生哲学—通
俗读物 Ⅳ. ①B821-49

中国版本图书馆CIP数据核字(2018)第277086号

Interior photographs by Shinsaku KATO
Original Japanese edition published by PHP Institute, Inc.
This Simplified Chinese edition published by arrangement with
PHP Institute, Inc., Tokyo in care of Tuttle-Mori Agency, Inc.,
Tokyo Through Inbooker Culture Development (Beijing) Co.,Ltd

著作权登记号 图字：01-2018-7822

日日抚慰：改变人生的心灵整理术
(RIRI FUWEI GAIBIAN RENSHENG DE XINLING ZHENGLISHU)

作　　者：【日】广濑裕子
统　　筹：吴玉萍
责任编辑：赵爱华
营销编辑：罗佐欧
责任审校：金学勇
装帧设计：张艾米
出　　版：东方出版社
发　　行：人民东方出版传媒有限公司
地　　址：北京市东城区东四十条 113 号
邮　　编：100007
印　　刷：鸿博昊天科技有限公司
版　　次：2019 年 2 月第 1 版
印　　次：2019 年 2 月第 1 次印刷
开　　本：889 毫米 ×1194 毫米　1/32
印　　张：5
字　　数：160 千字
书　　号：ISBN 978-7-5207-0695-7
定　　价：49.00 元
发行电话：010-85924663 85924644 85924641